Es muss nicht immer Einstein sein

Christian Weiß

Es muss nicht immer Einstein sein

Physik & Logik & Was die Welt zusammenhält

Kontakt zum Autor über http://www.platon2.de

Es muss nicht immer Einstein sein

© 2009 Christian Weiß
Alle Rechte liegen beim Autor

Titelbild © 2009 Gerd Altmann geralt/ PIXELIO

Herstellung und Verlag:
Books on Demand GmbH, Norderstedt

ISBN: 9783837050165

INHALT

Das Universum dehnt sich aus – und ähnliche Überraschungen.

Seite 6

Das Licht und der Äther und die Astrologie

Seite 24

Dinge in der Unendlichkeit

Seite 36

Zurück zur Physik

Seite 61

Das Universum dehnt sich aus – und ähnliche Überraschungen.

Dass sich das Universum ausdehnt, ist eine allgemein bekannte Wahrheit. Und doch ist es einer jener physikalischen Lehrsätze, die den speziellen Reiz der Physik ausmachen. Jeder weiß, dass das Universum unendlich ist. Wenn etwas unendlich ist, kann es nicht größer werden. Wie also kann sich das Universum ausdehnen? Es ist vollkommen ausgeschlossen, und doch muss es ja irgendwie möglich sein, denn dass sich das Universum ausdehnt ist wissenschaftlich bewiesen. Ähnlich ist es beim Tunneleffekt. Dass Teilchen die Lichtgeschwindigkeit ausgerechnet dann überschreiten können, wenn sie extrem dichte Materie durchdringen erscheint rein logisch betrachtet vollkommen unmöglich. Und doch ist es genau das, was beim Tunneleffekt geschieht. Und so könnte man ganze Bücher mit erwiesenen Tatsachen füllen, deren absolute Unmöglichkeit ebenso offensichtlich ist, wie ihre unbestrittene Richtigkeit.

Viele Menschen füllen die Informationslücken, die unsere Schulbildung an diesen Stellen offen lässt, offenbar mit eigenen Schlussfolgerungen. Dass hochkarätige Wissenschaftler ganz offensichtliche und sicher nicht zu leugnende Widersprüche einfach übersehen, nimmt wohl niemand ernsthaft an. Daher wird oft vermutet, dass es irgendeine Erklärung oder Erkenntnis geben muss, die solche Probleme für Experten lösen kann. Eine Erkenntnis, die unser Fassungsvermögen übersteigt, denn welchen anderen Grund könnte es dafür geben, dass man sie uns nicht mit den so verwirrenden Tatsachen vermittelt?

Tatsächlich ist das Problem an sich sehr viel einfacher. Physik folgt klar festgelegten Regeln, die das Vorgehen bei der wissenschaftlichen Arbeit definieren. Werden sie eingehalten gilt ein Resultat als zulässig. Wird ein Resultat in verschiedenen Untersuchungen unter verschiedenen Umständen und nach Möglichkeit auch von verschiedenen Wissenschaftlern bestätigt, gilt es als bewiesen. Oft stellen Physiker komplexe Hypothesen auf, aus denen sie konkrete Vermutungen ableiten. Können diese Vermutungen experimentell bestätigt werden, wird auch die Hypothese als bewiesen angesehen. Ob eine Hypothese tatsächlich richtig oder auch nur möglich ist, spielt dabei überhaupt keine Rolle.

Inzwischen hat sich allerdings die Vorstellung weitgehend durchgesetzt, dass physikalische Theorien tatsächlich die Realität beschreiben. Das liegt sicher auch daran, dass Zeitreisen, Wurmlöcher, Paralleluniversen und ähnliche Wunderdinge genau den Kundengeschmack treffen. Zum zweiten ist die Physik rational, das heißt, sie geht davon aus, dass Realität nichts anders sein kann, als das, was der menschliche Verstand als Realität erfasst. Wir wissen, dass das so nicht stimmt. Aber seien wir ehrlich, wir können es uns gar nicht anders vorstellen. Nur würde all das nicht ausreichen, um zu erklären, wieso selbst studierte Physiker mitunter den Unterschied zwischen einer physikalischen Hypothese und der Realität zu vergessen scheinen.

Die Konzentration auf Formeln und Fakten und die Einstufung von Theorien als rein hypothetisch und wissenschaftlich irrelevant ist einer der wichtigsten und fundamentalsten Grundgedanke der newtonschen Physik. Newton führte zu seiner Zeit eine erbitterte Auseinandersetzung mit Leibniz und anderen Erkenntnistheoretikern, deren weitgehend von Descartes geprägtes Weltbild dem entgegen gesetzten Ansatz folgte. Für die Erkenntnistheoretiker galten experimentelle Ergebnisse als subjektiv, ungenau und unzuverlässig. Nach ihrer Auffassung bedurften experimentelle Resultate grundsätzlich einer verlässlichen, logischen Erklärung, um als zulässig angesehen zu werden.

Auch an dieser Stelle ist die unbestrittene Wahrheit bei näherer Betrachtung logisch unmöglich, wenn es diesmal auch weniger offensichtlich ist. Descartes fand seinerzeit viele Anhänger, und auch Newton war mit seiner Ansicht sehr erfolgreich. Das erscheint zunächst insofern nicht verwunderlich, dass beide mit ihrer Kritik an der Methode des jeweils anderen fachlich und sachlich betrachtet vollkommen im Recht waren. Doch genau darin liegt der

Schwachpunkt der Darstellung, denn beide Konzepte schneiden gerade dort schlecht ab, wo der jeweils andere Ansatz seine Stärken ausspielen kann. Dass der eine oder andere die von ihm bevorzugte Methode dogmatisch zum Maß aller Dinge hochstilisiert, ist noch vorstellbar und nicht weiter verwunderlich. Dass sich aber in der Wissenschaft bei allen Widersprüchen einhellig die Meinung durchsetzt, das solide, seit mindestens zwei Jahrtausenden bewährte und erfolgreiche System der gegenseitigen Ergänzung ohne erkennbaren Grund verwerfen und durch unbestritten mangelhafte Einseitigkeit ersetzen zu müssen, kann ganz einfach nicht wahr sein. Und doch ist es genau so geschehen.

Logik befasst sich mit Aussagen, und dabei steckt der Teufel häufig im Detail. In meine letzte Aussage hat sich ganz offensichtlich ein Fehler eingeschlichen. Wenn die Vorstellung von der Wissenschaft in Newtons Zeit wie sie mir in der Schule vermittelt wurde richtig wäre, hätte es den Streit zwischen Newton und den Erkenntnistheoretikern um Leibniz in dieser Form nicht geben können. Also gab es den Streit entweder gar nicht oder diese Vorstellungen sind falsch. Man kann wohl getrost ausschließen, dass die Lebenswerke von Newton, Leibniz und anderen bedeutenden Wissenschaftlern Fälschungen sind. Also glaube ich den Streit als solchen ohne Sorge als historische Tatsache betrachten zu können. Möglich wäre, dass die, aus heutiger Sicht so zentral erscheinende Auseinandersetzung tatsächlich weniger bedeutend war. Vielleicht wurde sie aufgrund ihrer Auswirkungen erst zu einem späteren Zeitpunkt als die Wissenschaft bestimmend interpretiert. Doch dafür gibt es im Bereich der Physik zu viele Bezüge auf sie, ganz abgesehen von den herausragenden Stellungen die Newton und Leibnitz ohne Zweifel zu ihrer Zeit unter den Wissenschaftlern hatten. Als einzig sinnvolle Erklärung erscheint mir daher die Vermutung, dass es einfach einen wirklich guten Grund gab, die Wissenschaft radikal zu verändern.

Natürlich müsste man für eine logische Beweisführung jede andere Option gründlich prüfen, doch halte ich das hier für unnötig, denn es gibt den historisch belegten Grund, der zwangsläufig dazu führen musste, dass das Vertrauen in die Wissenschaft vollkommen zerstört wurde. Wenn wir an Galilei denken, fällt uns sofort seine Auseinandersetzung mit der katholischen Kirche über das geozentrische Weltbild und seinen „Dialogo" ein. Ein historisches Ereignis dessen Details ganz vorsichtig formuliert, in einigen Punkten recht umstritten sind. Fakt ist auf jeden Fall, dass dieses Ereignis das Ende von Galileis Lebenswerk markierte, jedoch ganz sicher nicht seinen Kern. Galilei war zu diesem Zeitpunkt längst der wohl weltweit populärste Wissenschaftler seiner Zeit. Daran nicht unschuldig war ohne Zweifel, dass er als einer der ersten Wissenschaftler ein Fernrohr benutzte und es perfektionierte. So konnte er eine Vielzahl neuer astronomischer Entdeckungen machen, bereits bekanntes gründlicher untersuchen und Irrtümer korrigieren. Auch seine Beziehungen und insbesondere die Freundschaft mit dem Papst, mögen hilfreich gewesen sein. Der rote Faden der sein Leben und seine Arbeit durchzieht, der ihm viele Gegner und viele Verehrer einbrachte, war aber seine immer wieder kehrende Kritik an Aristoteles.

Dieser entscheidende Punkt, wurde zumindest zu meiner Schulzeit nicht sonderlich vertieft. Galileis Entdeckung, dass die Fallgeschwindigkeit nicht vom Gewicht eines Körpers abhängt, habe ich zwar gelernt, aber ihre tatsächliche Bedeutung zu erörtern wurde wohl irgendwie vergessen. Diese Bedeutung muss jedoch gewaltig gewesen sein, denn schließlich hatte bereits Aristoteles erkannt, dass die Fallgeschwindigkeit eines Körpers von seinem Gewicht abhängt. Zwei Jahrtausende lang war diese Erkenntnis ein fester und unangefochtener Bestandteil des menschlichen Wissens. Galilei entdeckte den Fehler vermutlich bei seinen Pendelversuchen und stellte dann einfach die Frage, was passiert, wenn man zwei verschieden schwere Körper aneinanderklebt. Wenn Aristoteles Recht hätte, müsste sich die Fallgeschwindigkeit erhöhen. Das wäre aber gar nicht möglich. Schließlich würde der leichtere Körper langsamer fallen, und den schweren dadurch bremsen. Er bewies damit nicht nur, dass die Theorie ganz offensichtlich falsch sein muss, sondern auch, dass sie weder einer einfachen logischen, noch einer experimentellen Überprüfung standhalten konnte. Natürlich war die

Fallgeschwindigkeit ein Thema, dessen reale Bedeutung vor Galilei nicht übermäßig groß gewesen sein dürfte. Viel größer war die Bedeutung der Zuverlässigkeit des Aristoteles. Seine Ansichten galten seit der Antike im Wesentlichen als unangefochten, und entsprechend als über jeden Zweifel erhaben. Natürlich muss man angenommen haben, dass nennenswerte Fehler, Irrtümer oder Trugschlüsse im Laufe von zwei Jahrtausenden irgendeinem Wissenschaftler aufgefallen wären. Nun hatte sich herausgestellt, dass nicht einmal wirklich gravierende Fehler in vergleichsweise einfachen Überlegungen entdeckt werden konnten. Da Galilei, einmal auf den Geschmack gekommen, Aristoteles Werk gründlicher untersuchte und eine ganze Reihe weitere verschieden schwere Irrtümer fand, zerstörte er ohne Zweifel das Fundament der Wissenschaft, denn nun musste jede Erkenntnis in Frage gestellt werden, die sich in erster Linie oder gar ausschließlich auf die Zuverlässigkeit eines anerkannten Wissenschaftlers stützte.

Ob das für Galileis Zeitgenossen Descartes der Antrieb war, an der Erkenntnisfähigkeit als solcher zu zweifeln, wage ich nicht einzuschätzen. Mit „cogito ergo sum" (ich denke, also bin ich), gelang es Descartes, die Möglichkeit echter und unstrittiger Erkenntnis zu beweisen. Darauf gründete er seine Erkenntnistheorie. Der ungeheure Erfolg dieses wissenschaftlichen Ansatzes ist nach meiner Ansicht Beweis genug dafür, dass das Vertrauen in die Wissenschaft tatsächlich weitgehend zerstört war. Und es wäre wohl ein eigenartiger Zufall, wenn nicht Galileis Erkenntnisse und die plötzlich entdeckte Fragwürdigkeit des bis dahin als nahezu unfehlbar geltenden Aristoteles die Ursache dafür gewesen wären. Als Descartes starb, war Newton noch ein Kind. Ob die Verunsicherung der Wissenschaft für ihn noch eine Rolle spielte, ob die Idee absoluter Unmöglichkeit echter und zuverlässiger Erkenntnis zu seiner Zeit verbreitet war, ob er von Galileis Vorstellung der Mathematik als Sprache der Natur beeinflusst wurde, auf die Schwächen der Erkenntnistheorie reagierte oder was ihn sonst zu seiner Weltsicht führte, kann ich nicht einschätzen. Auf jeden Fall gibt es ganze eine Reihe von denkbaren und vernünftigen Erklärung dafür, dass Newtons Wissenschaft von dem eigentlich geradezu unmenschlichen Standpunkt bestimmt war, die Suche nach dem Verständnis der Dinge abzulehnen.

Newtons Hilfsmittel sind leider bestens dazu geeignet, den Menschen in die Irre zu führen. Nehmen wir den Begriff „exakt". Er suggeriert uns, dass eine exakte Messung genau ist. Genau das ist sie aber gerade nicht, denn exakt bedeutet hier, dass reale Werte auf exakt darstellbare Werte gerundet werden. Diese Doppeldeutigkeit zeigt sich vor allem in der durchaus gebräuchlichen Formulierung „eine möglichst exakte Messung". Hier wird das Wort ganz bewusst auf die möglichst gering zu haltende Ungenauigkeit des exakten Wertes bezogen, und führt natürlich zu der Vorstellung, dass es sich auf eine möglichst hohe Genauigkeit bezieht. Das Wort „objektiv" wird in der Physik verwendet um auszudrücken, dass eine bestimmte Vorgehensweise dem Ausführenden möglichst keinen Spielraum für eine individuelle Einflussnahme auf das Resultat gestattet. Die Überlegung dahinter ist wohl die, dass ein Ergebnis, das vom Subjekt nicht beeinflusst werden kann, zwangsläufig nur durch das Objekt bestimmt wird. Tatsächlich greift dieses Verfahren allerdings nur, soweit es die individuelle Subjektivität eines Einzelnen betrifft. Die kollektive Subjektivität der Menschheit wird dadurch nicht erfasst. Ein Beispiel für kollektive Subjektivität sind Relationen. Objektiv ist ein Molekül nicht klein, sind 50 Grad Minus nicht kalt und ist ein Haar auf dem Kopf nicht wenig. In der Physik würde all das als objektiv gelten, weil das mutmaßliche Empfinden aller Menschen gleich, und damit eine Verfälschung von Ergebnissen ausgeschlossen ist.

Die am stärksten in die Irre führenden Bestandteile von Newtons Physik dürften allerdings die Elemente sein, die er als Erklärungsersatz postuliert. Die Frage „warum" lässt sich nicht aus dem menschlichen Denken eliminieren. Newton verwendet daher Pseudoantworten, die eine Wissensillusion erzeugen. Newtons wichtigste Pseudoantwort ist das Naturgesetz. Gesetze sind Konventionen ohne zwangsläufig logische Basis. Wie wollte man die berühmten Gesetze logisch erklären, die in einigen amerikanischen

Bundesstaaten zum Beispiel das Schlafen von Eseln in Badewannen verbieten? Newton beschreibt Zusammenhänge und bezeichnet sie als Naturgesetze. Er erreicht damit, dass der Zusammenhang als solcher nicht mehr in Frage gestellt wird, und das im doppelten Sinne. Man hinterfragt weder die Richtigkeit der Behauptung als solche, noch verlangt man eine Erklärung. Natürlich ist die Welt nicht wirklich dadurch zu erklären, dass die Natur von per Gesetz verordneten Anweisungen reglementiert wird. Dennoch hat sich diese eigentlich doch sehr naive Vorstellung so manifestiert, dass sogar der Gedanke einer Bestrafung für die Verletzung von Naturgesetzen oft als folgerichtig akzeptiert wird. Nicht weniger verwirrend ist die Subjektivierung von unbekannten Ursachen oder ungeklärten Phänomenen. Das berühmteste Beispiel ist die Gravitation, bzw. die Schwerkraft. Eigentlich ein einfacher und völlig aussagenloser Zirkelbezug, der besagt, dass Dinge schwer sind, durch die Kraft die macht, dass das so ist. Das Wort Gravis bedeutet zwar schwer, wird aber oft auch im Sinne von „schwierig" oder „wichtig" – also wie im Wort „gravierend" verwendet, so dass man Gravitation auch mit „schwieriges Irgendetwas" übersetzen könnte. Wie dem auch sei, durch die Subjektivierung der Ursache empfinden wir sie auch als Subjekt. Es erscheint uns daher nicht unnatürlich, dass die Gravitation, gewissermaßen aus eigenem Antrieb, etwas tun kann. Somit ist unser Interesse am ursächlichen Zusammenhang, in diesem Fall der Erdanziehung, deaktiviert.

Newton objektiv zu bewerten ist wohl unmöglich, und deshalb will ich auch gar nicht spekulieren, ob und inwieweit er sich der Mängel seiner Methode bewusst war. Der Aufwand, mit dem er sie zu verbergen versuchte, legt die Vermutung nahe, dass es nicht nur versehentliche Ausrutscher waren. Allerdings ist auch der Bezug zu den Vorwürfen der Erkenntnistheoretiker mehr als auffällig. Ihr Hauptargument war die Subjektivität und Ungenauigkeit der Wahrnehmung. Logik leitet Aussagen aus Aussagen ab, und da sie damit irgendwo beginnen muss, basiert sie letztlich gewöhnlich auf Prämissen, also auf individuellen – sprich subjektiven – Vermutungen. Es ist durchaus denkbar, dass Newton unter diesem Eindruck die Vorwürfe schlichtweg absurd und anmaßend empfand, und dementsprechend demonstrativ die Logik durch ein paar scheinbar gleichwertige Kunstgriffe ersetzte. Tatsache ist jedenfalls, dass die bereits erwähnten Tricks gar nicht oder nicht in nennenswertem Umfang klar gestellt oder erläutert wurden. Das gilt entsprechend für den hypothetische Charakter induktiver Beweise oder die sehr spezielle Bedeutung physikalischer Definitionen. Ob absichtlich oder aus Versehen schuf Newton seine Physik als ausgeklügelte Illusion, die in dieser Form allerdings zumindest ein Jahrhundert lang problemlos funktionierte.

Man kommt nun nicht umhin festzustellen, dass die Physik nach der Methodik von Newton nicht unbedingt geeignet war, die geistige Elite anzulocken. Eine Wissenschaft, die kaum mehr gestattet, als das Einfügen von Zahlen in feststehende Gleichungen und die Kreativität, Phantasie und logisches Denkvermögen als potentielle Fehlerquellen sieht, ist für kluge Köpfe kein allzu attraktives Betätigungsfeld. Sie funktionierte zunächst zwar relativ problemlos, allerdings ohne wirklich große Fortschritte zu machen. Etwa 100 Jahre nach Newtons Tod kam es dann aber dazu, dass die Physik mehr oder weniger von außen weiterentwickelt wurde. Der dänische Chemiker Hans Christian Ørsted entdeckte den Elektromagnetismus und ein anderer Chemiker, Michael Faraday, begann damit, ihn gründlich zu analysieren. Es war damals natürlich keineswegs unüblich, dass sich Wissenschaftler als interdisziplinär verstanden. Ørsted und Faraday werden also völlig zu Recht auch dem Fachgebiet der Physik zugeordnet. Nichts desto Trotz repräsentieren sie mit Sicherheit nicht den typischen Physiker ihrer Zeit. Vor allem das Faradaysche Paradoxon lässt den Schluss zu, dass die Logik wieder an Popularität gewonnen hatte, jedoch nicht mehr mit wissenschaftlichem Anspruch betrieben wurde. Ein Paradox bezeichnet nämlich eine Aussage, deren Wahrheitswert aufgrund ihrer Struktur unabhängig vom konkreten Inhalt immer falsch ist und nicht, wie Faraday offenbar annahm, das scheinbar Unmögliche ganz allgemein.

Dass auch die Physik durchaus Raum für Genialität lies, bewies James Clerk Maxwell, der als unbestrittener Ausnahmewissenschaftler Faradays Werk fortsetzte, und dabei versehentlich eine Katastrophe auslöste, die (wie sollte es anders sein) heute kaum noch für erwähnenswert gehalten wird. Newton und Descartes, so verschieden ihre Standpunkte sonst auch sein mochten, waren sich in einer Vermutung einig. Beide gingen davon aus, dass Licht ein Teilchen sein müsste. Newtons Zeitgenosse Christiaan Huygens hatte dagegen auf Grund seiner Forschungen in der Schwingungslehre die Vermutung geäußert, dass Licht eine Welle sei. Nach Maxwells Entdeckungen verwarf man Newtons Theorie und ersetzte sie durch Huygens Überlegungen. Allerdings war Huygens Erkenntnistheoretiker, und so kam es zu einem gravierenden Missverständnis. Huygen hatte seine Theorie analysiert und war dabei auf das Problem gestoßen, dass eine Welle, da sie ein Medium braucht, leere Räume nicht durchdringen kann. Er ging daher davon aus, dass Licht nur dann eine Welle sein kann, wenn es im All einen Stoff gibt, den Huygens „Äther" nannte. Obwohl der aus der griechischen Mythologie entlehnte Begriff bereits früher in ähnlicher Bedeutung in der Wissenschaft auftaucht, Huygens also genau genommen nur eine bereits existierende Vorstellung übernahm, gilt er bis heute als eigentlicher Vater der Äthertheorie. Allerdings wurde die Theorie nun als ein Fakt behandelt. Huygens so einleuchtend erscheinende Überlegung, dass es den Äther geben muss, da

Lichtwellen sonst nicht das All durchqueren könnte, wurde zur unumstößlichen Tatsache erklärt. Es schien, als wäre der Äther tatsächlich eine Realität, deren Existenz unumgänglich ist, um die Existenz der Welt, wie wir sie kennen, zu ermöglichen.

Die Suche nach dem endgültigen Beweis für den Äther blieb zunächst erfolglos, was man der geringen Größe seiner Bestandteile zuschrieb. Da es jedoch als gesichert galt, dass es den Ätherwind, also eine Strömung im Äther gibt, fanden der deutsch-amerikanische Physiker Albert Abraham Michelson und der amerikanischen Chemiker Edward Morley einen Weg, wie die Existenz des Äthers zweifelsfrei beweisbar war. Durchquert man nämlich eine Strömung im rechten Winkel zur Strömungsrichtung und kehrt dann zum Ausgangspunkt zurück ist man schneller, als wenn man den gleichen Weg in einem anderen Winkel zurücklegt, also in eine Richtung von der Strömung unterstützt wird, in die andere gegen sie ankämpft. Daher wollten die Wissenschaftler einfach zwei Lichtstrahlen in verschiedenen Winkeln aussenden, zu ihrem Ursprung zurückspiegeln und ihre Geschwindigkeiten messen. Durch die Ätherströmung würden sich die Geschwindigkeiten unterscheiden, was die Existenz der Strömung und damit auch den Äther selbst beweisen würde. Michelson führte das Experiment erstmals 1881 in Potsdam durch und wiederholte es später mit Morley in Cleveland Ohio. Das Ergebnis war eindeutig. Es gibt keine Geschwindigkeitsdifferenz, also auch keinen Äther. Man hatte fataler Weise nachgewiesen, dass Licht das Weltall nicht durchdringen, dass Sonne, Mond und Sterne nicht sichtbar sein können.

Für Huygens, den Erkenntnistheoretiker, wäre die Konsequenz aus der Entwicklung wohl recht einfach und unspektakulär gewesen. Seine Theorie war widerlegt, das heißt sie enthält mindestens einen Fehler. Dieser Fehler müsste nun nur gefunden und korrigiert werden. In der Physik kam jedoch niemand auf diesen einfachen Gedanken, was zumindest verständlich ist. Angewandte Logik war als seriöse Wissenschaft kaum noch existent. Die akademische Logik hatte sich verstärkt auf die Aussagen- und Prädikatenlogik konzentriert, die formalisiert und somit hervorragend lehrbar ist. Leider klammert sie die potentiell strittigen und komplizierten Aspekte, insbesondere die Ungenauigkeit und Mehrdeutigkeit der Sprache, weitgehend aus. Praktisch ist diese rein formale Logik nahezu unbrauchbar. Zwar machte die Logik am Ende des 19 Jahrhunderts in Sir Arthur Conan Doyles Sherlock Holmes Geschichten Furore, allerdings nur sehr bedingt mit dem Anspruch einer ernsthaften Wissenschaft. Vielmehr erschien sie als außergewöhnliches Talent einer einzelnen fiktiven Persönlichkeit, die zudem vorzugsweise als eine Art effektvoller Taschenspielertrick präsentiert wird. Man darf wohl getrost davon ausgehen, dass sich die Physik damals in einer chaotischen, aussichtslosen und verzweifelten Situation befand, in der nicht viel mehr als gesichert gelten konnte, als dass das offensichtlich Richtige ganz offensichtlich falsch sein muss. Und ganz ohne Zweifel war es so, dass der Physik zu dieser Zeit niemand helfen konnte oder wollte.

Dieses Chaos erlebte Einstein als Schulkind, und ich geh wohl recht in der Annahme, dass das Durcheinander seine Phantasie erheblich beflügelt hat. Anders lautenden Gerüchten zum Trotz, war Einstein aber alles andere als ein guter Theoretiker. Gerade dadurch war er jedoch in der Lage, sich ungeheuer verworren und unverständlich auszudrücken. Mit seiner Relativitätstheorie gelang ihm sicher unbeabsichtigt eine Glanzleistung der Manipulation. Mich hat die Theorie einfach deshalb schon als Schüler erheblich beschäftigt, weil sie, so wie sie vermittelt wurde, völlig unsinnig war. Niemand konnte diesen Eindruck irgendwie zerstreuen und dennoch behauptete jeder vehement, dass sie richtig sei. Auch in der Fachliteratur gipfelt der euphorische Ansatz mancher Autoren, Einsteins Theorie zu erklären letztlich immer in eine verzweifelte Erkenntnis, wie zum Beispiel, dass das eben einfach nicht logisch zu erklären ist. Stephen Hawking, der ja gelegentlich als Einsteins Enkel gefeiert wird, schießt schließlich den Vogel ab, indem er zunächst eine alte Frau zu Wort kommen lässt. Die Dame erzählt irgendetwas von einer Erdscheibe, auf einer Schildkröte auf einem unendlich hohen Elefantenstapel – oder so ähnlich. „Warum nicht?", fragt sich da Stephen Hawking, und es juckte mich an der Stelle wirklich ein wenig in den Fingern, ihm in einem Leserbrief die Frage zu stellen, wie er sich bei dieser Theorie wohl das eine oder andere Satellitenbild erklären würde. Tatsächlich tut er natürlich damit nichts anderes, als klarzustellen, dass er Kritik an seiner Theorie grundsätzlich nicht für zulässig hält. Auf jeden Fall behauptet Hawking, er habe die Relativitätstheorie verstanden, und das ist nun leider aus einem ganz banalen Grund genau so unmöglich, wie sie zu widerlegen. Es existiert keine Relativitätstheorie.

Natürlich kann man vermuten, dass Einstein tatsächlich eine Relativitätstheorie entwickelt hat. Wir werden zumindest auf überraschend viele Parallelen stoßen. Dennoch gilt, dass eine Theorie aus logischen Definitionen, Prämissen und Herleitungen besteht. Von Einstein sind uns diesbezüglich bestenfalls Fragmente übermittelt. Es ist auch für die Physik nicht von übermäßiger Bedeutung, und Einstein war eben Physiker. Er war genauer gesagt ein studierter Physiklehrer, der beim Berner Patentamt beschäftigt war. Wer schon mal einen Blick auf Einsteins Relativitätstheorie geworfen hat, wird bestätigen, dass sie in der Hauptsache aus Formeln besteht. Seine Formeln sind zweifellos richtig, und seine mutmaßliche Theorie schien zumindest die Möglichkeit zu eröffnen, dass beim Michelson-Morley-Experiment zwei real verschiedene Geschwindigkeiten relativ gleich erscheinen. Man war nach mehr als zwanzig Jahren bewiesener Unmöglichkeit der Realität ganz sicher wirklich extrem unkritisch. Inzwischen ist es einfach so, dass niemand sagt, dass der Kaiser nackig durch die Straßen läuft, weil nur dumme Menschen seine neuen Kleider nicht sehen. Aber weil mir erstens egal ist, was die Nachbarn von mir denken und ich zweitens weiß, wie das Märchen mit dem Kaiser und den neuen Kleidern ausgegangen ist, sag ich jetzt ganz einfach mal: Der Kaiser hat doch gar nichts an. Eine Relativitätstheorie, die diesen Namen verdient, existiert ganz einfach nicht. Wenn es sie je gab, hat Einstein sie mit ins Grab genommen, und deshalb kann man sie weder verstehen noch widerlegen.

Das Licht und der Äther und die Astrologie

Ich habe gesagt, für den Erkenntnistheoretiker Huygens wäre die Widerlegung seiner Theorie kein großes Problem gewesen. Licht ist eine Welle, Wellen brauchen ein Medium, indem sie sich ausbreiten können und im All gibt es so ein Medium nicht. Und darin sehe ich kein großes Problem? Und da behaupte ich ganz frech, dass sei ganz einfach? Bei drei Aussagen, die gar nicht falsch sein können und der Erkenntnis, dass wenigstens eine von ihnen doch falsch sein muss? Da simuliere ich ungezogen, noch nicht einmal in Panik zu geraten? Wie kann ich nur. Ja, es ist nicht ganz unverständlich, wenn man das im ersten Moment für abwegig hält. Wie geht ein Physiker das Problem an? Dass Licht eine Welle ist, ist nachgewiesen und steht außer Frage. Dass Wellen ein Medium brauchen ist nicht weniger sicher. Also muss es im All ein Medium geben. Dieses Medium konnte nicht nachgewiesen werden, aber das kann natürlich an dem Nachweisverfahren liegen. Auch dass es etwas gibt, das ganz einfach nicht nachweisbar ist, ist ja doch irgendwie vorstellbar. Also scheint es ganz offensichtlich zu sein, dass der Fehler nur an dieser einen Stelle liegen kann. Das besagte Medium existiert ganz zweifellos. So erscheint es im ersten Augenblick. Der entscheidende Irrtum dabei ist jedoch, dass man die Möglichkeit eines Fehlers in den ersten beiden Aussagen vollkommen ausschließt.

Dass das in diesem Fall der falsche Weg ist, zeigt sich, wenn wir annehmen, dass es den Äther, oder irgendetwas ähnliches, tatsächlich geben würde. Lichtwellen könnten grundsätzlich das All durchqueren. Sie würden sich dann aber, wie Wellen es nun einmal tun, kreisförmig von ihrem Ursprung her ausdehnen und proportional zum Kreisumfang an Energie verlieren. Also würde ganz unabhängig von jeder Äthertheorie gelten, wenn Licht eine Welle wäre, könnten wir nicht sehr weit sehen. Der Stern Rigel im Sternbild Orion ist mehr als 500 Lichtjahre von uns entfernt. Wenn Licht eine Welle wäre, die also gebrochen, verfälscht und überlagert werden kann, würde unser Gehirn diese Information einfach ignorieren. Selbst wenn wir annehmen, dass nach 500 Jahren noch genug von der Welle übrig ist, um die Position ihres Ursprunges zu ermitteln, wäre die Berechnung durch die Abschwächung der Information und ihre starke Verfälschung extrem aufwändig.

Und mit dieser Überlegung haben wir das Geheimnis schon fast aufgeklärt, denn das wir Sterne sehen ist unbestreitbar. Wenn die eigentliche Lichtquelle wirklich die Sterne wären, würde unser Gehirn ihre Entfernung erkennen und sie als unbedeutend aus unserer Wahrnehmung herausfiltern. Dass wir sie sehen heißt, das Licht der Sterne entsteht in unserer unmittelbaren Nähe. Unser Gehirn registriert sie als etwas, auf das potentiell reagiert werden muss oder kann. Und das ist doch auch völlig logisch. Ein Stern, zum Beispiel unsere Sonne, sendet Teilchen ins All. Nun trifft so ein Teilchen auf die Erde. Stellen wir uns das Teilchen als Stein, die Erdatmosphäre als Wasserbecken vor. Es entsteht eine Welle an der Wasseroberfläche, ganz egal aus welcher Entfernung der Stein geworfen wurde. Ob der Stein nur einen Meter weit gefallen oder eine mehr als fünfhundertjährige Reise hinter sich hat, spielt dabei keine Rolle. Das Problem ist also einfach in der ursprünglichen Frage zu suchen, „Was ist Licht". Und die Antwort darauf ist, Licht ist eine vom Gehirn erzeugte Abstraktion zur optimalen Darstellung von Informationen. Wir haben in unseren Augen eine verstellbare Optik und verschiedene Arten von Rezeptoren, die jeweils auf einen bestimmten Wellenbereich spezialisiert sind. Mit der Optik können wir das Auge schützen und anpassen, mit den Rezeptoren die Stärke der Wellen und das Verhältnis der Wellenbereiche erkennen und durch die Differenz der Wahrnehmungen beider Augen Räumlichkeit erfassen. Kurz und gut, die Welle ist für uns wichtig, weil wir sie als Licht interpretieren können. Die Welle ist aber nicht das Licht, sondern ganz einfach nur eine Welle. Unser Gehirn kann den Ursprung der Welle projizieren. Nur wissen wir im Fall der Sterne natürlich, dass in diesem Ursprung der Welle nicht der Kern der Erscheinung zu sehen ist. Der Ursprung der Welle ist ein Punkt in der Erdatmosphäre. Der Ursprung des Lichts, nämlich der Stern oder Himmelskörper, von dem die Information irgendwann ausgesandt wurde, liegt ganz wo anders.

Dieses Wissen fließt nun in unseren Sinn, in unser Sehen, und damit in das Licht, mit ein.

Genau das ist der Haken an Newtons Subjektivierung. Wenn Einstein sagt, dass das „Lichtquant" sowohl Teilchen-, als auch Welleneigenschaften besitzt, beschreibt er natürlich genau die Realität. Allerdings haben wir mit dem Lichtquant unserer Vorstellungswelt, ein absurdes, unvorstellbares und wirklich völlig abwegiges „Halb-Teilchen-Halb-Welle-Fabelwesen" angetan. Es ist in jeder Beziehung ungeeignet, die Zusammenhänge wirklich verständlich darzustellen. In der Physik ist das grundsätzlich auch gar nicht nötig. Das komplexe Phänomen Licht würde konkrete Messungen oder Berechnungen nicht gestatten, während sich das gedachte Objekt Lichtquant problemlos untersuchen und formalisieren lässt. Aber da wir das „Lichquant" mit realen Erscheinungen in Verbindungen bringen, es untersuchen, berechnen und ihm Mess- und Berechnungsergebnisse als Eigenschaften zuordnen, wird er ein nahezu realer Teil unserer Vorstellungswelt. Als rationale Wissenschaft unterscheidet die Physik nicht zwischen dieser Vorstellungswelt und der Realität. Bei der Gravitation wirkt noch die zwangsläufige Folgerichtigkeit des Zirkelschlusses, denn dass die Ursache der Erdanziehung die Erdanziehung verursacht, ist ja zweifelsfrei richtig. Das Lichtquant dagegen repräsentiert eine Erscheinung, die von unvorstellbar komplexen Wechselbeziehungen zwischen unvorstellbar vielen, unvorstellbar kleinen Teilchen bestimmt wird, die sich unvorstellbar schnell in unvorstellbar großen Räumen bewegen. Das Lichtquant ist im Gegensatz zur Gravitation keine exakte Darstellung der Realität, sondern lediglich ein Modell, das der Realität bis zu einem gewissen Punkt ähnelt. En Modell, das sich andererseits aber auch in sehr vielen Details von der Wirklichkeit unterscheidet. Das heißt, es entsteht eine zunehmende Kluft, zwischen der physikalischen und der realen Realität. Welche Gefahr darin besteht, lässt sich sehr gut am Beispiel der Astrologie erläutern.

Die Astrologie versucht etwas völlig absurdes. Sie versucht zum Beispiel aus der Position des Mars Streitigkeiten vorher zu sagen, weil sie aus einem unerklärlichen Grund der völlig absurden Meinung ist, gerade dieser Stern sei ganz besonders zänkisch veranlagt, und könnte damit unter bestimmten Umständen auch für Zank und Streit auf der Erde sorgen. Weil das natürlich Unsinn ist, spielt die über Jahrhunderte durchaus anerkannte Astrologie heute als Wissenschaft keine Rolle mehr. Horoskope werden trotzdem gern gelesen. Der Grund dafür ist, dass sie auf mysteriöse Weise und jeder vernünftigen Überlegung zum Trotz in gewissem Umfang durchaus funktionieren. Die meisten Menschen können sich mit ihrem Sternzeichen weitgehend identifizieren, und das, obwohl die Charakterbeschreibungen in den Horoskopen keineswegs allgemeingültig und übertragbar sind. Woran liegt das? Eine sinnvolle

Antwort darauf zu finden ist ganz einfach. Es liegt vermutlich daran, dass die so weit entfernten Sternenbewegungen, gar keine „weit entfernten Sternenbewegungen" sind. Hauptsächlich entstehen sie durch die Bewegung der Erde. Diese Bewegung ist nun aber alles andere als weit entfernt und hat durchaus Auswirkungen auf uns, wie wir an den Jahreszeiten sehr deutlich erkennen. Die Jahreszeiten bestimmen über Licht und Temperaturverhältnisse unseren Hormonhaushalt, und das wirkt sich natürlich auch auf ungeborene Kinder im Mutterleib aus, und schon hätten wir eine ganz natürliche und überhaupt nicht mysteriöse Erklärung, warum Horoskope nicht zwangsläufig völliger Unsinn sind. Nun könnte man sagen, dass das nur dann zulässig ist, wenn wir die konkreten Hintergründe verstehen. Man könnte andererseits aber auch sagen, dass es zulässig ist, die Sterne zu beobachten und gründlich zu untersuchen. Dort, wo sich nachweisbar und zweifelsfrei Zusammenhänge erkennen und wissenschaftlich belegen lassen, könnten wir die Sterne durchaus als zulässigen Indikator akzeptieren. Das war wohl auch das klassische Verfahren der Astrologie und es ist genau das gleiche Verfahren, dass die Physik benutzt, nämlich die so genannte Indikation. Eine Indikation erscheint uns als ursächlicher Zusammenhang, obwohl sie das nicht zwangsläufig unmittelbar ist. Beim Horoskop zum Beispiel wäre – wenn die von mir vorgeschlagene Erklärung richtig sein sollte – die Position der Sterne von der Erdrotation bestimmt, die sich über die Witterung auch auf den Menschen auswirkt. Durch die gemeinsame Ursache entsteht ein unmittelbarer Zusammenhang, ohne dass es einen echten ursächlichen Zusammenhang gibt.

Nun fällt es Menschen natürlich schwer, mit dem Eindruck von scheinbar unerklärlichen Zusammenhängen umzugehen. Die Astrologie beruht auf Erfahrungen, aber annehmbare Erklärungen konnte sicherlich niemand für die erstaunlichen Bezüge zwischen den Sternen und den Menschen geben. Also erfand man äußerst mystische, um nicht zu sagen mysteriöse Gründe. Solange man die Tatsachen untersuchte und sie dann mit Erklärungen versah, dürfte das nicht zu Problemen geführt haben. Bis zu einem gewissen Punkt mochte es sogar funktionieren, im Umkehrschluss aus den Erklärungen Hypothesen abzuleiten. Vielleicht steht der Mars an einer bestimmten Position, während die Menschen durch das Klima besonders aggressiv sind. Dann kann die Vorhersage von Streit überdurchschnittlich oft zutreffen. Trotzdem macht der Mars keinen Krieg, und wer das glaubt wird sich mit seinen Prognosen zwangsläufig sehr schnell sehr weit von der Realität entfernen. In der Astrologie sind die ansatzweise funktionierenden Horoskope vielleicht das letzte Überbleibsel einer solideren Vergangenheit, das jedoch mit der Zeit auch an Bedeutung verlieren dürfte. Da kann es Auswirkungen des Klimawandels geben, können elektrisches Licht oder Schokoladenkonsum den Hormonhaushalt beeinflussen oder zum Beispiel Reisen in andere Klimazonen. Von Drogen oder Medikamenten und ihren

Auswirkungen brauch ich wohl gar nicht zu reden. Und natürlich würden sich auch interplanetarische Konstellationsverschiebungen auf die Verlässlichkeit von Horoskopen auswirken.

Die Physik muss nun aber ganz sicher nicht befürchten, in naher Zukunft das Schicksal der Astrologie zu teilen. Dennoch gilt, je größer die Differenz zwischen physikalischer und realer Welt wird, umso häufiger werden physikalische Erkenntnisse in der Realität nicht funktionieren, nicht anwendbar sein, oder ihr offensichtlich widersprechen. Vielleicht täuscht mich mein persönlicher Eindruck, aber früher wurde doch noch das eine oder andere Science-Fiction-Abenteuer euphorisch mit Jules Vernes prophetischer Nautilus verglichen und als echte Zukunftsvision gesehen. So etwas habe ich schon lange nicht mehr gehört. Ob in Buchhandlungen physikalische Bücher auch früher schon in der Nachbarschaft von Ufos und Geistererscheinungen zu finden waren, kann ich nicht sagen. Aber vor einigen Jahren hätten sich vermutlich massenhaft empörte Kunden darüber beschwert. Doch all das ist nicht das Problem, das mich dazu gebracht hat, mich aus logischer Sicht mit grundsätzlichen Fragen der Physik auseinander zu setzen. Ich wollte einfach nur wissen, um es mit Goethe zu sagen, „Was die Welt im Innersten zusammenhält". Ich war mit den Schulantworten nicht zufrieden, und um die Schwachstellen meiner Weltsicht zu finden, entwickelte ich ein einfaches System.

Ich machte mir die Fragen bewusst, die ich hatte, und die Antworten, die ich mir selbst darauf gab. Dann änderte ich meine Position, und stellte mir vor, ein anderer Mensch zu sein. Und zwar ein Mensch, der diese Meinung für völligen Unsinn hält, und das solide und sinnvoll zu beweisen versucht. Wenn mir das gelang, überdachte ich meine Meinung, suchte nach neuen Antworten, und begann das Spiel von vorn. Dabei zeigte sich, dass mein Schulwissen nicht sonderlich belastbar war. Nehmen wir die einfache Tatsache, dass ein Impuls Masse je Quadratgeschwindigkeit ist. Dass die Frage, was um alles in der Welt denn eine Quadratgeschwindigkeit sein kann zu Problemen führen wird, erwartet man natürlich. Dass man bereits auf die Frage, was eigentlich Masse ist keine brauchbare Antwort findet, überrascht dann aber doch. Allerdings ist die Überraschung nicht mehr allzu groß, denn die erste und scheinbar ultimative Antwort für physikalische Fragen eines Menschen mit moderner Schulbildung ist Energie. Und auch bei Energie stellt der imaginäre Kritiker die bösartigste aller Fragen. „Was genau ist eigentlich Energie?" Und tatsächlich ist es wirklich seltsam. Es gibt natürlich für Begriffe wie Masse oder Energie verschiedene Erklärungen und Definitionen, aber was mir plötzlich auffiel war, dass sie für mich selbstverständliche Naturerscheinungen waren, über die ich nie großartig nachgedacht hatte. Es war kein Lehrer, der mir ihre Existenz verraten hat, aber woher wusste ich dann davon? Und wieso war mir ihre genaue Bedeutung dennoch nicht klar?

Der Begriff Masse ist dabei noch am einfachsten. Wo das Wort Masse auftaucht, hat es etwas mit Menge zu tun. Auch im Unterricht war meine erste Assoziation, dass die Masse die Materiemenge angibt, zumal der Zusammenhang von Masse, Volumen und Dichte ebenfalls diesen Eindruck erweckt. Das Wort Energie lernt man kennen, als das Gefühl der Energie, die einen durchströmt. Bei mir war es wohl so, dass mir diese scheinbar körperliche Erfahrung von Energie die physikalischen Erklärungen ebenfalls völlig logisch erscheinen lies. Natürlich weiß ich, dass mein Energiegefühl vom Gehirn gesteuert wird und ich weiß, dass der Eindruck täuscht. Das heißt, was ich mir so selbstverständlich unter Energie vorgestellt habe, existiert nicht wirklich. Es gibt aber ohne Zweifel die Erscheinungen, die man der Energie zuschreibt. Die Frage ist, ob sich für diese Erscheinungen keine bessere Erklärung finden lässt, als ein unsichtbarer und alles könnender Zaubersaft, wie ich es meinen imaginären Gegner bösartig, aber korrekt formulieren lies. Was die Masse betraf, waren die Probleme weniger grundsätzlich, denn dass es Masse gibt ist unbestritten. Fraglich ist nur, was die Masse ist. Die Materiemenge kann es nicht sein, denn sonst könnte es keine Massezuwachs geben. Per Definition ist Masse „die Eigenschaft der Materie, der Änderung ihrer Bewegungsrichtung eine Widerstand entgegenzusetzen". Nur ist das mit der physikalischen Masse nicht vereinbar, weil Masse nach dieser Definition keinen variablen Wert annehmen kann. Somit würde aus der Masse wieder die Menge der Materie, die Masse besitzt und das würde wieder dazu führen, dass Massezuwachs Materiezuwachs sein müsste.

Schließlich kam ich resignierend zu dem Resultat, dass Masse nur ein Messergebnis ist. Und mit diesem scheinbaren Rückschlag war ich endlich auf die richtige Spur gekommen. Physikalische Begriffe bezeichnen Mess- oder Rechenergebnisse. Ihre konkrete Bedeutung ist selten erkennbar. Man muss oft raten und spekulieren, und kann nie ausschließen, dass irgendein entscheidender Aspekt vernachlässigt wurde, weil zum Beispiel seine messbare Wirkung gering oder konstant ist, und deshalb nicht festgestellt werden kann. Bei der Masse muss es zum Beispiel wohl etwas gegeben haben, das zu einem Chaos geführt hat. Man kann jedenfalls nicht mit Sicherheit sagen, was genau der Begriff in einem bestimmten Kontext meint oder bezeichnet. Also gab ich den Versuch auf, die Dinge von meinem Wissensstand ausgehend verstehen zu wollen, sondern versuchte es genau anders herum. Ich ging davon aus, dass es das unendliche Universum gibt, und Materie die bewegt ist und dreidimensional und sich gegenseitig nicht durchdringen kann. Und ausgehend von dieser Überlegung, kam ich schließlich zu einem brauchbaren Resultat. Allerdings sollte es insgesamt vier Jahre dauern, bis ich damit fertig war, und mich von diesem Thema verabschieden konnte. Und weil vier Jahre nun einfach mal eine sehr lange Zeit sind, weil mir meine Antworten alles andere, als abwegig erscheinen, und weil ein Buch zu verlegen inzwischen kein Vermögen mehr kostet, habe ich nun den Entschluss gefasst, meine Ergebnisse aufzuschreiben.

Dinge in der Unendlichkeit

Das Universum *ist ein Oberbegriff für alles, was in der materiellen Welt existiert, einschließlich des leeren Raumes.*

Nur damit es keine Verwechslungen gibt. Wenn ich hier einen Begriff definiere, wie in diesem Fall das Universum, heißt das nicht, dass ich den geneigten Leser dazu verdonnern möchte, eine eventuell anders lautende Auffassung aufzugeben. In der Logik dienen Definitionen dazu, die Bedeutung eines Begriffes in einer logischen Überlegung zu erklären. Wenn ich also im Folgenden von Universum spreche, meine ich den Oberbegriff für alles was existiert, einschließlich des leeren Raumes. Sollte ich das Wort in einer anderen Bedeutung verwenden, zum Beispiel um eine existierende Vorstellung einzugehen, muss das deutlich erkennbar sein.

Das Universum ist unendlich. Wenn es endlich wäre, müsste es ein Ende geben. Aber was wäre hinter dem Ende des Universums? Es ist egal, ob „nichts" oder „etwas", es wäre in jedem Fall ein Teil des Universums. Wenn es also ein Ende des Universums gäbe, könnte es nicht das Ende des Universums sein.

Logisch war der Schluss ziemlich leicht, nur seine Bedeutung zu verstehen, war sehr kompliziert. Ich machte zunächst einen entscheidenden Fehler, weil ich in der Schule gelernt hatte, diesen Fehler zu machen. Ich sah zum Himmel, und versuchte mir vorzustellen, dass mein Blick, egal wie weit er ins All hineinreichen könnte, nie auf ein Ende stoßen würde. Das ist natürlich absolut richtig, aber es führt nicht zum Verständnis der Unendlichkeit. Nachdem ich das begriffen hatte, ging ich zu meinem Schreibtisch, sah auf die Tischplatte und sagte mir „Auf dieser Tischplatte existiert kein Ende des Universums – und auch nirgends sonst". Und das machte mir das Wesen der Unendlichkeit verständlich. Unendlichkeit heißt nicht, das Ende ist unendlich weit entfernt. Es heißt vielmehr, dass das Ende nirgends existiert. Es ist unsinnig, die Gedanken weit weg streifen zu lassen, weil das Ende ja auch dort nicht existiert, wo man gerade ist.

Nachdem ich mir so meine Unendlichkeit geschaffen hatte, nahm ich die Materie in Angriff. Es gibt die Theorie, dass Materie nur Einbildung ist, und ich will die Möglichkeit gar nicht grundsätzlich bestreiten. Allerdings würde das bedeuten, dass es nichts weiter gibt, als meinen einsamen Verstand, der sich das ganze Universum ausgedacht hat, um sich über seine trostlose Existenz hinweg zu täuschen. Ich denke, wenn das so wäre, hätte er sich etwas mehr Mühe gegeben. Indem Fall nämlich müsste ich in Wahrheit unsterblich sein, und da der Zahn der Zeit rüpelhaft an mir nagt, würde das in naher Zukunft zu einem erheblichen Konflikt führen. Allerdings stieß ich auf zwei Probleme, die diese Überlegung gar nicht mehr abwegig erscheinen ließen.

Da das Universum unendlich ist, stellte ich mir die Frage, ob auch Materie in unendlicher Menge existieren kann. Unendlichkeit kann man nicht vergrößern oder verkleinern. Es gilt also, wenn man unendliche viele X hat und noch ein X hinzufügt ändert das nichts. Auch hier war das Problem, dass ich zunächst „unendlich viele" mit „sehr viele" gleichsetzte. Das ist allerdings ein Irrtum, denn einer Menge etwas hinzuzufügen ohne etwas hinzuzufügen geht nur unter einer einzigen Bedingung. Das „Etwas" muss „Nichts", also durch 0 darstellbar sein. Nehmen wir an, wir versuchen eine Menge endlos zu erhöhen. Wir haben zum Beispiel einen Apfel und legen einen dazu, und dann noch einen und noch einen, und setzen das endlos fort. Diesen Vorgang können wir uns problemlos unendlich vorstellen, weil wir in unserer Vorstellung die Erhöhung der Anzahl abstrakt revidieren. Wir haben viele Äpfel, und wenn wir einen dazu legen haben wir immer noch viele. Der Vorgang kann also durch 0 dargestellt werden. Er führt zu keiner Veränderung. Es macht keinen Unterschied, ob wir gerade begonnen haben oder bereits seit tausend Jahren oder unendlicher Zeit beschäftigt sind. Aber weder in der Realität noch in der Abstraktion können wir auf diese Art jemals den Punkt „unendlich viele Äpfel" erreichen. Wir kommen ihm so nicht näher, und das ist einer der wirklich wenigen Fehler in der

Mathematik. Erhöhung ist keine Annäherung an unendlich. Unendlich kann tatsächlich nur sein, was sich als 0 darstellen lässt. Das allerdings ist, wie die abstrakte Äpfelzählung zeigt, nicht zwangsläufig „Nichts".

Das ist eine sehr bedeutende Erkenntnis, denn jede Gleichung oder Vorstellung bei der diese Regel verletzt wird, ist demnach falsch. Für meine Theorie aber bedeutet es, dass Materie nur in begrenzter Menge existieren kann, und da wird die Sache kompliziert. Das Universum bietet der Materie unendlich viel Raum. Wie also lässt sich die Häufung von Materie in unserer näheren Umgebung erklären? Nach unserem Kenntnisstand erklärt sich das dadurch, dass all diese Materie aus einem gemeinsamen Ursprung stammt. Die Folgerung daraus wäre jedoch, dass sich diese Materieansammlung in Auflösung befindet. Ich muss zugeben, dass mir die Überlegung von der reinen Logik her kaum Schwierigkeiten macht. Allerdings ist sie nicht gerade erfreulich, und ich war bestrebt, eine mögliche alternative Erklärung zu finden. Eine Theorie ist erst dann bewiesen, wenn jede andere Möglichkeit ausgeschlossen ist, und manchmal ist es weise, sich einer Erkenntnis zu verweigern. Dass Materie nur eine Illusion ist, ist eine mögliche Alternative, aber auch nicht gerade die amüsanteste Vorstellung. Letztlich hab ich eine denkbare Möglichkeit gefunden, die mir allerdings zu abwegig erscheint, um sie hier zu nennen. Sie ist wirklich alles andere als wahrscheinlich, aber möglich. Und das reicht mir, um den Beweis des absehbaren Endes unserer materiellen Welt in Zweifel zu ziehen. Und mehr wollte ich in diesem Fall gar nicht. Ich kann mit gutem Gewissen sagen, es gibt für die Anhäufung von Materie in unserer unmittelbaren Nähe denkbare Erklärungen, und darunter wenigstens eine, die nicht zu Depressionen führt.

Die zweite, und viel wichtigere Frage ist, wie es möglich sein kann, dass Lebewesen Materie ihrem Willen unterordnen. Zwar gibt es die Theorie, dass der Wille nicht wirklich existiert, und Lebewesen gewissermaßen sehr komplexe „Maschinen" sind, nur dürfte diese Theorie nicht haltbar sein. Wieso sollte eine solche Maschine über einen Selbsterhaltungstrieb verfügen? Wo ist die logische und verständliche Ursache dafür, dass die Natur Material in extrem komplizierte und vergängliche Objekte verwandelt, die „nicht kaputt gehen" wollen? Selbsterhaltung und Arterhaltung setzen schließlich die Existenz des „Selbst" oder der „Art" voraus. Sie können also die Entstehung nicht erklären. Auch die Evolutionstheorie kann das nicht. Der Stein übersteht fast jede Katastrophe, und wenn nicht, ist das auch nicht wirklich schlimm. Leben dagegen ist vergänglich, verletzlich und ständig bedroht. Also wenn man es so sagen will, ist das Leben der unbelebten Materie evolutionär unterlegen. Und selbst wenn man das Entstehungsproblem übergeht, stellt sich die Frage, wozu diese „lebenden Maschinen" mit Gefühlen versehen werden. Wenn das Gehirn alles steuert, wieso reagiert es dann, indem es bei einer

Verwundung „Schmerz" hervorruft? Es wäre für die Selbst- und Arterhaltung viel sinnvoller, ein unemotionales Vorgehen zu bevorzugen. Das Gehirn könnte alle verfügbaren Informationen verarbeiten, sie mit gespeicherten Erfahrungen und situativen Gegebenheiten abgleichen und die exakt angemessene Reaktion hervorrufen. Dass das Gehirn dem „Wesen" durch Schmerz eine Information sendet macht keinen Sinn, wenn das Gehirn das „Wesen" ist. Es hat die Information schließlich bereits. Sinn macht es nur, wenn es neben dem Gehirn etwas gibt, das selbständig entscheiden kann. Dann nämlich kann das Gehirn über den Schmerz eine bestimmte Entscheidung provozieren. Nur wie sollte dieses, bleiben wir einfach bei der Bezeichnung „Wesen", seine Entscheidung umsetzen? Tatsächlich scheint der Gedanke, dass die Materie nicht wirklich existiert die einzige Vorstellung, die ohne weiteres folgerichtig ist. Das war übrigens, um das zu erwähnen, das Problem, bei dem mir die Fragwürdigkeit von Masse und Energie bewusst wurde. Im ersten Moment denkt man nämlich „schulphysikkompatibel", die Seele sendet vielleicht irgendeine Energie, um Materie zu steuern. Wenn Materie unbelebt ist, würde sie das jedoch wenig kümmern. Die Energie müsste schon zu einem materiellen Konflikt führen, der die Materie zu einer Reaktion zwingt. So kam ich auf die Idee, Energie könnte eine körperlose Masse sein. Nur körperlos würde die Masse keinen Raum einnehmen und würde – Masse hin oder her – der Materie nicht im Weg stehen. Gibt man der Masse aber noch einen

Körper, ist sie wieder Materie und die sprichwörtliche Katze beißt sich schmerzhaft in den sprichwörtlichen Schwanz.

Ich habe zu diesem Problem zwar viele Überlegungen angestellt, bin aber schließlich doch zu der Überzeugung gelangt, dass ich zumindest im Augenblick über das Bewusstsein keine ausreichenden Prämissen entwickeln kann, um auch nur irgendetwas verbindlich zu widerlegen oder zu beweisen. Ich hab mich schließlich mit mir selbst darauf geeinigt, dass ich spätestens nach meinem Ableben eine geeignete Antwort bekommen werde. Ich gehe dabei davon aus, dass im Falle eines Irrtums meine Fähigkeit enttäuscht zu reagieren begrenzt sein dürfte. Auch wenn manche Analytiker meinen, es sei im Zweifel besser irgendeine Theorie zu verfassen, als die eigene Überforderung einzugestehen, halte ich wenig davon. Soweit es das Thema Seele betrifft, betrachte ich mich zumindest für den Augenblick als fachlich ungeeignet. Ich beschränke mich auf die Betrachtung unbelebter Materie, behaupte aber ausdrücklich nicht, dass nichts anderes existiert.

Die Materie *ist der Stoff, aus dem die Elemente der materiellen Welt bestehen, ausgenommen den leeren Raum.*

Meine Hauptprämisse lautet: *Materie tut nichts ohne Ursache.*

Die Möglichkeit von bewussten, vorsätzlichen Handlungen habe ich für diese Betrachtung, wie bereits erklärt, ausgeklammert. Dass Dinge grundlos geschehen wäre theoretisch möglich. Dass die Physik an sich funktioniert beweißt allerdings, dass das nicht die Regel sein kann. Wenn es aber die Ausnahme ist, würde es sich selbst widersprechen, denn es gäbe ja keinen Grund, warum das Willkürliche nicht ständig passieren sollte. Ich denke also meine Hauptprämisse ist akzeptabel.

Für die Materie nehme ich außerdem folgende Prämissen als gegeben an:

1) Materie kann nicht entstehen oder vergehen
2) *Materie ist immer dreidimensional*
3) *Materie ist bewegungsfähig*
4) *Materie kann Materie nicht durchdringen.*

Dass Materie nicht entstehen oder vergehen kann, halte ich aus verschiedenen Gründen für glaubwürdig. Vor allem ist mir keine Situation eingefallen, in der das Nichts nicht existieren kann. Das heißt, es kann keine materielle Ursache geben, die sich durch die Entstehung von Materie sinnvoll beheben ließe. Da nach meiner Hauptprämisse aber nichts ohne Ursache geschieht, würde Materie so niemals entstehen. Damit kann Materie auch nicht vergehen, denn das würde bedeuten, dass die gesamte Menge der Materie zwar kleiner aber nicht größer werden kann. Wie sollte die Menge aber dann jemals größer als 0 geworden sein?

Was die dreidimensionale Materie betrifft, kann man darüber streiten, ob sie auch mit weniger Dimensionen vorstellbar ist. Aber hier gilt, was ich schon bei der Masse sagte. Sie würde dann keinen Raum einnehmen, und daher wirkungslos bleiben. Von mir aus, mag es sie geben, aber in meinen Überlegungen kann ich sie getrost vernachlässigen.

Die Bewegungsfähigkeit von Materie folgere ich ganz einfach aus der Tatsache, dass die Welt nicht statisch ist. Richtig ist natürlich, dass wir nur relative Bewegungen wahrnehmen können. Aber gäbe es keine absoluten Bewegungen, wäre die Bewegung jedes Körpers 0, und ihre Differenz, also die relative Bewegung, zwangsläufig auch.

Wenn man einen Ball gegen eine Wand wirft, prallt er ab. Ich denke, wenn Materie sich gegenseitig durchdringen könnte, würde er das nicht tun. Ich denke, er würde nicht einmal existieren, denn nach meiner Hauptprämisse hat alles was geschieht, eine Ursache. Wenn Materie sich gegenseitig durchdringen könnte, könnte sie unbehelligt vor sich hin existieren ohne das jemals etwas geschehen würde, dass man Ursache nennen kann. Materie würde sie durchdringen und das nichts natürlich auch. Sie würde sich also immer nur ganz einfach geradeaus bewegen.

Damit haben wir die grundlegenden Definitionen und Prämissen. Es ist an der Zeit, sich den Schlussfolgerungen zu widmen.

Wo uns Materie im Alltag begegnet, ist sie in komplexen Strukturen gebunden. Die Dinge bestehen aus kleineren Bestandteilen, aus Molekülen, Atomen, Zellen. Durch strukturierte Wechselwirkungen bilden die Bestandteile größere Einheit. Die eigentliche Materie aber befindet sich in den „Bauteilen", wenn man sie so nennen will. Dieses Prinzip finden wir bei den Bestandteilen der Bestandteile wieder und es setzt sich auch ins Größere fort und bildet Planeten, Sonnensysteme und so weiter. Das führt dazu, dass die Vorstellung einer endlosen Kette weit verbreitet ist, die aber zwangsläufig falsch sein muss. In unserer Abstraktion betrachten wir ein Ding, seine Bestandteile und dann eins der Bestandteil wieder als Ding, das wiederum Bestandteile hat und so weiter. Auch hier setzt unsere Abstraktion die Ausgangssituation (Ding) mit dem Resultat (Ding) gleich und gestattet so, den Schritt ins Detail durch 0 darzustellen. Das Ergebnis ist eine abstrakte Endlosschleife, also Unendlichkeit. Tatsächlich setzt die Materiemenge nach oben Grenzen. Nach unten haben wir das Problem, dass die Materie eines Objektes bereits in den Bestandteilen enthalten ist. Das heißt aber zwangsläufig, dass sie irgendwo in diese

Bestandteile hineinkommen, dass es also irgendwo einen materiellen Grundbaustein im Sinne der antiken Atomvorstellung geben muss. Um Verwechslungen zu vermeiden, verwende ich dafür den Begriff Uratom.

Das Uratom ist ein Körper, der aus massiver Materie besteht und unteilbar ist, in dem Sinne, dass er nicht aus untergeordneten Bestandteilen gebildet und ergo auch nicht in diese zerlegbar ist.

Ein Problem bei der Vorstellung dieses Uratoms, das zumindest ich lange Zeit hatte, beruht auf den menschlichen Erfahrungswerten mit Körpern. Die Erfahrung lehrt, dass die Stabilität eines Körpers die Folge seiner Struktur ist. Eine Beschädigung der Struktur lässt Körper instabil werden. Zunächst verband sich für mich die Vorstellung eines massiven Atoms ohne innere Struktur daher mit dem Gedanken, die Materie müsse zerfallen, da sie ja nicht durch eine Struktur zusammengehalten wird. Der Irrtum an dieser Stelle ist, dass ich den Erfahrungswert wegen seiner Regelmäßigkeit als zwangsläufig interpretierte. Tatsächlich betrifft diese Erfahrung aber Gebilde, die unsere Wahrnehmung zwar als Körper interpretiert, die allerdings ihrem Wesen nach Körpersysteme sind. Die Beschädigung der Struktur stört die Verbindung der Bestandteile, und damit die Stabilität der körperlichen Erscheinung, die primär auf ihrer Struktur beruht. Diese grundsätzliche Instabilität des Strukturkörpers lässt einen Rückschluss auf eine Instabilität des Massivkörpers „Uratom" also nicht zu, im Gegenteil. Die Instabilität von Körpern kann nur entstehen, wenn eine vorhandene Stabilität verloren geht. Diese Stabilität setzt jedoch stabile Grundbausteine voraus. Das Uratom muss als grundlegender Materiebaustein also stabil sein. Das wird deutlich, wenn wir als Hypothese annehmen, das Uratom könne instabil sein. Wenn solch ein Materiestück zerfallen würde, wäre das nur möglich, wenn das Ergebnis viele stabile, kleinere Materiestücken sind. Auch in dieser Vorstellung setzt die Instabilität ein untergeordnetes, stabiles Element zwingend voraus, das beim Uratom allerdings nicht gegeben ist. Ein Zerbrechen eines Materiestückes ist damit zwar nicht grundsätzlich ausgeschlossen, es ist allerdings ausgeschlossen, dass ein Uratom ohne konkrete Ursache zerbricht oder zerfällt.

Stellt man sich ein einziges Uratom im Universum vor, erkennt man als erstes, wie groß der Unterschied zwischen unserer Erfahrungs- und Vorstellungswelt einerseits und der Realität andererseits ist. Das Uratom ist bewegt, es hat eine Bewegungsrichtung, es hat eine Geschwindigkeit, allerdings gibt es kein Bezugssystem. Und dadurch kommt es zu einer Konsequenz, die mich wirklich monatelang beschäftigt hat. Das Uratom bewegt sich, ohne dass sich etwas verändert. Für den Menschen ist es selbstverständlich, Bewegung als Vorgang zu begreifen. Bewegung ist für uns Weg je Zeiteinheit. Das

Uratom befindet sich, wo es sich gerade befindet, und daran ändert sich auch nichts. Es gibt natürlich eine Änderung, wenn das Uratom mit einem anderen kollidiert. Es ändert dann seine Bewegungsrichtung, und bewegt sich nach unserem Verständnis „woanders hin". Und genau da liegt das Problem, denn das Uratom bewegt sich ja nirgendwo hin. Es bewegt sich nach einer Kollision einfach wieder geradlinig und gleichförmig, also exakt so, wie vor der Kollision. Wir schlussfolgern aus einer Bewegung, wo sich der Körper irgendwann befunden hat, wo er sich irgendwann befinden wird, wo er seine Bewegungsrichtung geändert hat oder ändern wird. Das heißt, unsere Wahrnehmung erfasst nicht nur die Realität, wie sie ist. Wir erfassen auch, wie die Realität „früher" war und „in Zukunft" sein wird. Das Uratom hat nun aber keine Fähigkeit, Vergangenes zu rekonstruieren oder Zukünftiges zu prognostizieren. Es hat außerdem keine Möglichkeit, seine Position oder Bewegungsrichtung irgendwie „auszuwerten".

Natürlich kann man sagen, dass mich die Erkenntnis nach den bisherigen Überlegungen gar nicht verwundern dürfte. Wenn Materie nicht entstehen oder vergehen kann, muss ihre Bewegung unendlich, und das heißt zwangsläufig durch 0 darstellbar sein. Aber Bewegung, wie ich sie als Mensch verstehe, ist weder unendlich, noch durch 0 darstellbar, und das ist ganz einfach schwierig zu begreifen. Die Lösung besteht darin, zwischen der absoluten Bewegung des

Naturelementes und den relativen Bewegungen, wie wir sie wahrnehmen, zu unterscheiden. Während für die Physik die Wahrnehmung ausschlaggebend ist, muss in der Logik die Realität ausschlaggebend sein. Wenn meine Theorie richtig sein sollte, muss am Ende aber beides wieder zueinander passen.

Nachdem ich endlich mit mir und meinem einzelnen Uratom ins Reine gekommen war, war es an der Zeit, es mit einem Kollegen kollidieren zu lassen. Auch diesem scheinbar so einfachen Gedanken musste ich ein paar Monate widmen. Bei der Bewegung an sich musste ich nur begreifen, dass die konkrete Position und die konkrete Bewegungsrichtung, so entscheidend sie für uns auch sein mögen, für das Uratom keine nennenswerte Rolle spielen. Aber zumindest sind sie ja existent, und stellten meine Weltsicht nicht grundsätzlich in Frage. Meine theoretische Uratomkollision offenbarte dagegen schnell, dass meine vom Schulwissen geprägte Vorstellung ganz und gar unmöglich war.

Wenn ein Körper mit einem anderen Körper kollidiert ändert er seine Bewegungsrichtung, das heißt, er beschleunigt auf Null und dann wieder auf seine Ausgangsgeschwindigkeit. Wenn in meiner Theorie zwei Körper kollidieren, bleiben sie also zunächst einmal stehen und soweit ist das ganze völlig in Ordnung. Nur ist an diesem Punkt das Problem meiner Uratome bereits gelöst. Wenn sie nun wieder auf die

Ausgangsgeschwindigkeit beschleunigen würden, wäre das eine Aktion ohne konkrete Ursache, und so etwas habe ich in meiner Hauptprämisse ja ausgeschlossen. Dass meine Uratome sich in dem Fall genauso verhalten, wie es die Schulphysik vorsieht, steht andererseits auch außer Frage. Würden sie bei einer Kollision tatsächlich einfach stehen bleiben, müsste die Welt langsam erstarren. Es gäbe kein Ereignis, dass sie wieder in Bewegung setzen könnte. Und wie bei der Materiemenge würde auch bei der – nennen wir es mal „Bewegungsmenge" – gelten, was weniger werden kann, aber nicht mehr, kann niemals größer werden als 0. Ich zog natürlich in Erwägung, dass es vielleicht doch diese mysteriöse Kraft „Energie" gibt, nur brachte mich die Überlegung auch nicht weiter, denn auch in der Schulphysik ist der Fehler an dieser Stelle vorhanden. Man beschleunigt den Körper durch Energiezufuhr, nur entspricht diese Energie der Menge Masse mal Geschwindigkeit. Sie ist bei der Beschleunigung auf 0 verbraucht. Woher also kommt die Energie, um wieder auf die Ausganggeschwindigkeit zu beschleunigen? Kraft bringt Gegenkraft hervor, aber woher, um alles in der Welt, bekommt die Gegenkraft ihre Energie? Natürlich liegt die Antwort auf dieses Dilemma auf der Hand, wenn man den Vorgang nur genau betrachtet. Wir sagen, der Körper ändert seine Bewegungsrichtung, indem er es nicht wirklich tut, sondern stattdessen zweimal hintereinander seine Geschwindigkeit ändert. Warum eigentlich? Wir kennen doch Einfallwinkel und Ausfallwinkel. Wir wissen also, dass ein Körper seine Bewegungsrichtung tatsächlich ändern kann. Wenn man annimmt, dass die Geschwindigkeit bei einer Kollision unverändert bleibt, und sich nur die Bewegungsrichtung ändert, löst sich das Problem in Wohlgefallen auf. Leider tut es das nur, um einem neuen, und sehr viel größerem Problem Platz zu machen. Wenn bei einer Kollision nämlich keine Änderung der Geschwindigkeit auftritt, wie um alles in der Welt, ändert man Geschwindigkeit denn dann überhaupt?

Wie sooft ist die Antwort ganz einfach, man muss nur erst einmal darauf kommen. Ich hab viel Zeit und Grübelei darauf verwendet, irgendeine Ursache zu finden, die mein Uratom beschleunigen könnte. Bis mir wieder einfiel, dass ich ja die Bewegung meines Uratoms nicht mit der Bewegung meiner Wahrnehmung verwechseln darf. Ich stellte mir nämlich die Frage, was passieren würde, wenn ich mein Uratom in gehässiger Bösartigkeit so einklemmen würde, dass es sich gar nicht mehr bewegen könnte. Es könnte dann zumindest theoretisch ganz unbekümmert ständig seine Bewegungsrichtung wechseln. Also setzt Bewegung (im Sinne der Bewegung des Uratoms) Bewegung (in unserem Sinne) nicht zwingend voraus. Das Uratom kann zwischen Punkt A und Punkt B ständig gleichförmig hin und her pendeln, und wir könnten es dennoch als Ruhe interpretieren. Es kann sich auch im Zick-Zack bewegen, und wir würden die Bewegung als langsamer interpretieren, als sie tatsächlich ist. Das heißt die Erkenntnis, dass es offensichtlich unmöglich ist, die Geschwindigkeit des Uratoms zu ändern bedeutet nicht, dass es grundsätzlich unmöglich ist, Geschwindigkeit zu ändern. Die Geschwindigkeit eines Uratoms kann durch Änderungen der Bewegungsrichtung verringert werden, wenn das Uratom in ein übergeordnetes Körpersystem in irgendeiner Weise eingebunden ist. Ein Uratom, dass sich aus einer Verbindung löst, bewegt sich geradlinig mit seiner ursprünglichen Geschwindigkeit weiter, die natürlich nicht weiter erhöht werden kann. Wir kennen mit der Lichtgeschwindigkeit eine so genannte „kosmische Höchstgeschwindigkeit", die sich mit dieser Überlegung deckt. Sagen wir also, die Uratome zumindest in unserer Umgebung bewegen sich vermutlich mit Lichtgeschwindigkeit.

Natürlich stellte sich nun die Frage wie es überhaupt zu Systemen aus Uratomen kommen kann, wenn kollidierende Uratome ihre Bewegungsrichtung ändern und sich wieder von einander entfernen. Auch hier hatte ich zunächst eine kleine, geistige Ladehemmung, weil ich mich natürlich von Newtons Masseanziehung auf den falschen Pfad locken lies. Diesmal allerdings dauerte sie nicht sonderlich lange, denn ziemlich schnell kam ich auf die Idee, den Zusammenhang durch ein kleines Gedankenexperiment zu überprüfen. Ich stellte mir die Kollision von zwei weitgehend identischen Uratomen vor. Der einzige Unterschied war, dass das eine massiv sein, dass andere einen Hohlraum enthalten sollte. Dabei wurde mir klar, dass der Hohlraum keine Auswirkungen haben kann. Zur Kollision und damit zur Änderung der Bewegungsrichtung kommt es, sobald sich die beiden Uratome berühren und die Geschwindigkeit bleibt unverändert. Für die „Masse" des Uratoms kann also nicht die Materiemenge, sondern nur die Oberfläche entscheidend sein. Als ich mich nun auf das Problem der Oberfläche konzentrierte kam ich schnell zu der Einsicht, dass sie zweifellos nicht so geometrisch exakt beschaffen sein konnte, wie ich sie mir zunächst vorstellte.

Wo wir auf eine relativ gleichmäßige Form von unbelebten natürlichen Körpern stoßen, auf eine Kugelform zum Beispiel, oder eine Kristallform, wird sie durch irgendeine eine strukturelle Ursache hervorgerufen. Beim Uratom gibt es eine solche Ursache nicht, also ist jede Form gleichwahrscheinlich, und es dürfte durchaus sinnvoll sein, mit Zacken und Klüften zu rechen. In meiner Vorstellung, hab ich die ursprünglich runden Uratome durch zahnrad- bzw. sternförmige Uratome ersetzt. Schon ist es relativ einfach sich vorzustellen, wie sich zwei Uratome ineinander verhaken. Dabei ist mir ein interessantes Phänomen aufgefallen. Wenn man nämlich annimmt, dass die Geschwindigkeit des Uratoms konstant ist, kann es nicht drehbar sein. Ein sich drehender Körper hat keine konstante Geschwindigkeit. Dadurch erhöht sich die Wahrscheinlichkeit eines ineinander Verhackens zweier unregelmäßig geformter Uratome erheblich. Schon heute kann man von einer extrem hohen

Materiendichte in unserem Wahrnehmungsfeld sprechen, und nach unserem Kenntnisstand entstammt sie einem gemeinsamen Ursprung, war also vor einige Zeit noch sehr viel höher. Betrachtet man dazu noch die hohe Geschwindigkeit der Uratome muss es so viele Kollisionen gegeben haben, dass selbst sehr unwahrscheinliche zufällige Konstellationen sehr oft aufgetreten sind. Es ist wie mit dem Lottospiel. Dass ich ein Jahr lang Lotto spiele, und dabei irgendwann Sechs richtige haben, ist sehr unwahrscheinlich. Dass während dieser Zeit niemand sechs Richtige hat ist aber noch viel unwahrscheinlicher. Wenn sich Uratome also ineinander verhaken können, wird das auch sehr oft geschehen. Natürlich dürfte eine solche Verbindung nicht übermäßig haltbar sein. Das ändert sich jedoch, sobald sich ein drittes Uratom verfängt. Plötzlich haben wir ein Gebilde von erstaunlicher Stabilität. Und noch etwas ist erstaunlich. Dieses Gebilde besitzt nun plötzlich praktisch schon alle Eigenschaften, die wir von den Körpern aus unserer Erfahrungswelt kennen. Seine Geschwindigkeit ist variabel. Mit der gewissermaßen eingefangen Bewegung dreier Uratome, finden wir das veränderliche Element der Energie. Das erstaunlichste aber ist folgendes. Obwohl es sich praktisch noch nicht auswirken kann, besitzt dieser neu entstandene Körper eine prinzipiell vorhanden „Anziehungskraft". Man kann sagen, die drei Uratome sind kreisförmig um ihren Mittelpunkt angeordnet. Die Uratome bewegen sich geradlinig, aber da der Umfang eines Kreises nun einmal von seinem Radius abhängt, ist zum Mittelpunkt hin weniger Raum. In der

Mitte ist die Materiendichte also größer, als außen. Wenn nun ein weiteres Uratom mit diesem Konstrukt kollidieren würde, wäre die Wahrscheinlichkeit, sich zu verhaken außen größer, als innen, die Wahrscheinlichkeit abgestoßen zu werden wäre dagegen innen größer als außen. Zunächst dürfte natürlich innen kaum Raum für Kollisionen sein. Außen kann sich jedoch ohne weiteres ein viertes Uratom verhaken. In diesem Fall würden die geradlinigen Bewegungen der Uratome bewirken, dass sich die Kreisform ausdehnt, und das neue „Mitglied" eingebunden wird. Der Kreis wächst also, und damit gewinnt auch die Abstoßungswahrscheinlichkeit an der Innenseite an Bedeutung. Wir haben so den Prototyp der Feldlinie gefunden.

Ich habe meine Vorgehendweise ja schon einmal erklärt, und an dieser Stelle stieß der imaginäre Gegner meiner Theorie einen imaginären Jubelschrei aus, denn er konnte mir gleich zwei Schwachstellen präsentieren, die meine Überlegungen unmöglich erscheinen ließen. Zum einen hatte ich ja ganz beiläufig festgestellt, dass Materie nach meiner Theorie nicht drehbar sein kann. Meine Hand zu drehen funktioniert jedoch völlig ohne Probleme. Wie könnte ich aber meine Hand drehen, ohne die Materie in ihr mitzudrehen? Zum zweiten müssten schnelle Bewegungen, wie ein fallender Stein oder ein fahrendes Auto, die Feldlinien nach meiner Vorstellungen zerreisen. Bewegungen müssten unweigerlich zu Katastrophen führen, denn einmal zerstörte Feldlinien würden sich sofort in ihre Bestandteile auflösen, die mit Lichtgeschwindigkeit das Weite suchen. Wenn die Feldlinien aus Uratomen bestehen, wieso kann man sie also durchdringen? Und wieder war ich mit scheinbar endloser Grübelei befasst, um den Fehler in meinen Gedanken zu finden. Doch schließlich fand ich ihn, oder besser gesagt, fand ich einen Fehler. Ich fand ihn nicht in meiner Theorie, sondern wieder mal in meiner Weltsicht. Er bestand einfach darin, dass ich die Geschwindigkeit der Uratome unterschätzte. Wenn wir annehmen, dass sich Uratome mit Lichtgeschwindigkeit bewegen, heißt das, sie legen in jeder Sekunde eine Strecke zurück, mit der sie mehr als siebenmal die Erde umrunden könnten. Zum Vergleich, wenn ich zu meinem 3 Kilometer entfernten Discounter zu Fuß gehe, damit mein alter Hund noch mal richtig Auslauf bekommt, bin ich etwa eine halbe Stunde unterwegs. Eine Concorde, das schnellste Verkehrflugzeug der Welt, braucht für die gleiche Strecke etwa 5 Sekunden. Diese Concorde müsste mehr als 5 Tage lang ununterbrochen fliegen, um den Weg zurückzulegen, den ein Uratom in jeder Sekunde bewältigt. Selbst wenn man in der Lage wäre, sich einen Vorgang in der Reisegeschwindigkeit der Concorde vorzustellen, die ja immerhin etwa 2000 km/h beträgt, müsste man sich also einen fünftägigen Prozess vorstellen, um die Ereignisse einer Sekunde zu erfassen. Wir müssen ohne Zweifel davon ausgehen, dass auch die in unserer Wahrnehmung schnellsten Bewegungen extrem komplexe Prozesse sind. Nur brachte diese Erkenntnis mir noch keine echte Lösung, denn sie änderte nichts daran, dass die Stabilität meiner

Feldlinie von ihrer Unversehrtheit abhängt. Ich beschloss daher meine Theorie noch weiter zu entwickeln. Wenn sie richtig wäre, dürfte sie am Ende nicht im Widerspruch zur Realität stehen.

Das Feld, wie ich es bisher entwickelt hatte, strebt eine Kreisform an. Dieses Bestreben ist eine Folge der geradlinigen Bewegungen. Eine echte „Anziehungskraft" in dem Sinne besitzt es nicht, aber einen aus der Kreisform resultierenden Anziehungseffekt, der auf den unterschiedliche Wahrscheinlichkeiten basiert. Bisher habe ich nur die Kollision mit einzelnen Uratomen in meine Überlegungen einbezogen. Was würde nun aber passieren, wenn sich zwei Felder dieser Art berühren? Ich ging davon aus, dass der Anziehungseffekt verstärken würde, da er in beiden Objekten stattfindet. Allerdings hatte ich bei dieser Überlegung einen entscheidenden Aspekt übersehen. Wenn sich zwei kreisförmige Objekte berühren, kann das außen oder seitlich geschehen, aber nicht an der Innenseite. Dazu müssten sie wie Kettenglieder ineinander greifen. Wenn sie sich allerdings ineinander verhaken, kommt es zu einem erstaunlichen Effekt. An der Berührungsstelle der beiden Kreise wirken die nach außen gerichteten Bestrebungen der beiden Feldlinien gegeneinander. Die Feldlinien werden dadurch begradigt, und richten sich aneinander aus. Es kommt zu einer Art Reisverschlusseffekt. Das Ergebnis ist ein Feld mit zwei Feldlinien und einem gemeinsamen Kern. Im Kern sind die Feldlinien gerade. Hier geht der aus der Kreisform resultierende

Anziehungseffekt der Felder verloren. An anderer Stelle wird er dafür verstärkt. Das Zentrum des Anziehungseffektes sind nun also nicht mehr die Mittelpunkt der Feldlinien, sondern der Feldkern. Die Wahrscheinlichkeit, dass sich ein weiteres Uratom anlagert ist weiterhin an den gewölbten Außenseiten der Feldlinien am größten. An den gewölbten Innenseiten ist dafür die Abstoßungswahrscheinlichkeit am größten. Im Kern ist beides wieder ausgeglichen. Ein Uratom, das am Kern hängen bleibt, bildet eine neue Feldlinie. Ein Uratom, das an den Feldlinien andockt, wird dort eingebunden. Das Feld wächst somit und die zunächst sehr hypothetischen Wahrscheinlichkeitsunterschiede gewinnen an Bedeutung. Der Anziehungseffekt nimmt zum Kern hin deutlich zu, denn erstens sind bei den äußeren Feldlinien durch die großen Radien die Unterschiede zwischen Innen- und Außenseite geringer, zweitens ist im Kern die Dichte der Feldlinien höher. Das Feld besitzt nun eine beachtliche Stabilität, da es aus vielen Feldlinien besteht. Wird eine zerstört, bleibt das Feld trotzdem erhalten.

Wirklich interessant wird die Angelegenheit allerdings erst, wenn man dieses Feld einer anderen, einzelnen Feldlinie oder einem anderen Feld begegnen lässt. Durch den Feldkern haben die Feldlinien keine ideale Kreisform mehr. Durch die Geradlinigkeit im Kern, verstärkt sich der Druck nach Außen am Rand des Feldes. Verhaken sich hier die Feldlinien ineinander, wirken die beiden internen

Bewegungsprinzipien auf die betroffenen Uratome. Beide streben den Ausgleich der Anomalie in ihrem Bewegungssystem an. Dadurch kann an diesen Stellen ohne weiteres ein Materieaustausch stattfinden. Uratome können aus einer Verbindung gelöst, und in eine andere eingefügt werden. Natürlich hatte hier mein imaginärer Widersacher wieder seinen Auftritt, denn die Stabilität einer Feldlinie müsste doch äußerst fragwürdig sein, wenn man ein Element so problemlos herauslösen könnte. Und an diesem Punkt dachte ich über die ganze Theorie noch einmal nach, und kam zu dem Schluss, dass ich wohl doch alles richtig gemacht hatte. Schließlich rührt die Stabilität der Feldlinie hauptsächlich daher, dass das Uratom sich nicht drehen kann. Diese Eigenschaft, die mir ursprünglich solches Kopfzerbrechen gemacht hatte, führt nun dazu, dass die Änderung einer Bewegungsrichtung das Lösen aus einer Verbindung und das Einfügen in eine andere ohne weiteres gestattet.

Und damit löste sich auch das letzte Problem. Feldlinien können Material austauschen. Dadurch können sie sich durchdringen, ohne zu reißen, dadurch kann man eine Hand drehen, ohne Materie zu drehen. Es passt. Und wie schon gesagt, hab ich vier Jahre an dieser Theorie gearbeitet und alles immer wieder überprüft und in Frage gestellt. Nur ist Logik nun mal eine Angelegenheit, bei der die kleinste Unachtsamkeit gravierende Folgen haben kann. Wenn jemand glaubt, einen Fehler gefunden zu haben oder eine Schlussfolgerung für falsch hält, freue ich mich über einen Hinweis. Ich werde auf der Internetseite Platon2.de dafür eine Kontaktmöglichkeit und eventuell auch ein Forum einrichten.

Zurück zur Physik

Während der Entwicklung dieser Theorie habe ich die Bedeutung verschiedener physikalischer Begriffe zu analysieren, und verschiede Phänomene zu erklären versucht. Bisher habe ich mich auf die ausführliche Erklärung von Licht und Unendlichkeit beschränkt, und die Erklärung der Energie angedeutet. Nun möchte ich zum Abschluss noch ein paar interessanten Schlussfolgerungen und Ansichten Raum geben, die auch dem Verständnis der Schulphysik dienlich sein könnten.

Die Zeit: Zeit ist ein Begriff der Bewegung, wie wir sie wahrnehmen. Zeit entsteht in Relationen. Unsere Vorstellung von Zeit ist sehr emotional, denn wir sind mit dem Problem konfrontiert, Geschehenes nicht rückgängig machen zu können. Allerdings wissen wir, dass Geschwindigkeit nach unserem Verständnis Weg je Zeiteinheit ist, und dieses feste Verhältnis verrät uns, dass nur zwei dieser Begriffe eigenständige Faktoren bezeichnen können, einer dagegen aus dem Verhältnis der anderen beiden resultiert. Die Geschwindigkeit ist zweifelsfrei real, denn aus einer Strecke und einer Zeit entsteht keine Bewegung. Auch der Weg ist real, denn er kann ohne einen Bezug zu einer Bewegung existieren. Tatsächlich ist die Zeit die abstrakte Größe. Sie gibt das Verhältnis einer Bewegung zu ihrer Geschwindigkeit an. Eine Stunde ist zum Beispiel der vierundzwanzigste Teil einer Erdumdrehung. Die dabei zurückgelegte Strecke und die Geschwindigkeit variieren, je nachdem welchen Punkt der Erde wir betrachten. Das Verhältnis zueinander ist aber immer gleich. Es entspricht einer Stunde. Das eigentlich interessante ist, dass sich die Zeit in Einsteins Relativitätstheorie daher gar nicht mehr so absurd darstellt, wie sie mir ursprünglich erschien. Nach Einstein gab es vor dem Urknall keine Zeit. Dem würde ich zustimmen, ganz einfach, weil wir Bewegungen nur bis zum Urknall zurückverfolgen und „in Zeit umwandeln" können. Zum zweiten leuchtet ein, dass die klassische Beschleunigungsvorstellung keine Erklärungen für eine Beschränkung der Beschleunigung bietet. Die Vorstellung einer „Zeitverformung" schafft in diesem Fall eine Berechnungsgrundlage. Das ist kein Problem, wenn Zeit genau betrachtet nur ein Rechenergebnis ist. Was zu unserer Vorstellung von der Zeit führt ist zum einen sicher die Tatsache, dass eine direkte, exakte Geschwindigkeitsmessung erst seit kurzem möglich und sinnvoll ist. Wenn man früher zu Fuß, zu Pferd, mit Kutsche, Wagen, Boot oder Schiff unterwegs war, spielte die konkrete, ohnehin extrem schwankende Geschwindigkeit keine nennenswerte Rolle. Ausschlaggebend war, wann man das Ziel erreicht, und da war es natürlich sinnvoll, die aus der gleichförmigen Zeit der gleichförmigen Erdrotation resultierenden zyklischen Veränderungen zum Maßstab zu machen. Zum zweiten resultiert unsere Vorstellung aus der Unmöglich, eine materielle Situation exakt zu rekonstruieren. Im

Kleinen sind Zeitreisen unproblematisch. Wenn wir nach hundert Metern Weg feststellen, dass wir etwas vergessen haben, gehen wir noch einmal zurück. Wir gehen also in der Geschichte dieser Bewegung „in die Vergangenheit" wenn man so will. Wenn uns eine teure Vase zerbricht, gelingt uns das nicht. Das allerdings liegt nicht an der Zeit, sondern an der Materie, deren ursprünglichen Zustand wir nicht wieder herstellen können.

Der Raum ist der zweite wesentliche Begriff in unserer Vorstellungswelt. Auch der Raum erweist sich bei näherer Betrachtung als Abstraktion. Er ist ein dreidimensionaler Phantomkörper, der dadurch entsteht, dass wir uns zu unserer Umwelt in Bezug setzen. Wir können beliebige Punkte im Universum konkretisieren, indem wir ihren Bezug zu einem Objekt, in der Regel zu uns selbst, beschreiben. Der entscheidende Denkfehler besteht darin, dass wir den Raum mit dem Universum verknüpfen, also das Universum in unserer Vorstellung aus „unendlich vielen Positionen" besteht. Die Position ist eine konkrete, individuelle Eigenschaft, die auf jeden Fall nicht adäquat durch 0 dargestellt werden kann. Es muss also Probleme geben. Die Unendlichkeit selbst ist dabei noch eher ein akademisches Problem. Dramatischer ist, dass der Raum seinem Wesen nach in sich starr, Materie dagegen bewegt ist. Der Mensch nimmt die Welt in Einzelbildern wahr und interpretiert die Differenz als Bewegung. In Wahrheit hüpft Materie allerdings nicht von

„Position" zu „Position", sondern bewegt sich permanent. Das lässt sich in einer räumlichen Welt allerdings nicht realisieren. Eine Bewegung wird für uns deutlich, durch die Veränderung der Position. Wir brauchen also wenigstens zwei Positionen, um eine Bewegung feststellen zu können. Also kommt es zu dem als Heisenbergsche Unschärferelation bekannten Phänomen, dass wir uns entweder für die Position oder die Bewegung entscheiden müssen. Die Gefahr dabei liegt einfach darin, dass wir den Raum als Realität begreifen, und uns die Erkenntnis, dass im Raum Bewegung unmöglich ist, entsprechend verwirren dürfte. Es ist ganz einfach so, dass die Bewegungen nicht im Raum, sondern im Universum stattfinden. Ein Körper befindet sich nicht „an Position X", sondern „in etwa dort, wo auch Position X sich befindet". (er bleibt ja dort nicht stehen). Er hat also keine exakte Position im Raum, nicht weil er sich „nirgendwo befindet" sondern nur, weil der Raum nicht geeignet ist, einen bewegten Körper exakt darzustellen.

Die Masse ist ursprünglich tatsächlich als die Menge der Materie zu verstehen, allerdings ist diese Vorstellung von einer Täuschung geprägt. Wenn man von einem bestimmten Material eine bestimmte Menge hat, hat diese Menge ein bestimmtes Gewicht. Verändert man die Menge, verändert sich das Gewicht entsprechend. Also weiß der Mensch, dass zwischen Menge und Gewicht ein unmittelbarer Zusammenhang besteht. Wiegen verschiedene Materialien unterschiedlich liegt der Schluss nahe, dass einer aus einer größeren Menge Materie besteht, als der andere. Tatsächlich ist die Materiemenge aber so wenig feststellbar, wie bedeutend. In meiner Theorie habe ich auf die Idee der Masse daher komplett verzichtet. In der Physik allerdings wird die Größe Masse verwendet, obwohl in Wahrheit das Gewicht, also die Erdanziehung gemessen wird. Natürlich verband sich auch in meiner Theorie mit einem wachsenden Feld ein wachsender Anziehungseffekt. Dieser Effekt beruht auf Wahrscheinlichkeiten, kann also extremen Schwankungen unterliegen. Durch die Menge heben sich diese Schwankungen auf, und der im Kleinen zufällige Wert wird im Großen regelmäßig und entsprechend messbar. Verwendet man diesen Wert nun aber, um andere Zusammenhänge zu untersuchen, kann es zu Problemen kommen. Die Bewegung eines Körpers ergibt sich in meiner Theorie aus der Differenz der Einzelbewegungen seine Bestandteile. Wenn ein Körper ruht, heben sich alle Bewegungen gegenseitig auf. Bewegt man ihn ändert sich das. Es gibt etwas mehr Bewegung in eine Richtung, als in eine andere. Allerdings ist der Anteil an der Gesamtbewegung, die ja in Lichtgeschwindigkeit abläuft so gering, dass sich diese Änderung nicht messbar ist. Wir stellen lediglich die Effekte fest, und überprüfen die messbaren Werte, also Geschwindigkeit und Masse. Wir stellen dabei fest, dass mehr Masse auch mehr Effekt bedeutet, und eben nicht, dass wir den entscheidenden Wert übersehen. Denn tatsächlich wirkt sich nur die

Verschiebung der inneren Stabilität aus, also ein nicht messbar geringer Bruchteil der wirklichen Materiemenge. Wenn wir nun die Geschwindigkeit auf halbe Lichtgeschwindigkeit erhöhen, würde es in eine Richtung doppelt soviel Bewegung geben, wie in die entgegen gesetzte. Es würden sich also nur noch zwei Drittel der Bewegung gegenseitig aufheben, während ein Drittel nach außen wirkt. Es entsteht der Eindruck, als habe sich die Masse auf unerklärliche Weise erhöht.

Der Tunneleffekt soll nun noch den Abschluss bilden, denn wenn es wirklich möglich wäre, dass meine Uratome über die Lichtgeschwindigkeit hinaus beschleunigt werde, wäre die ganze schöne Theorie ja für die Katz. Dass eine Bewegung durch einen extrem dichten Stoff schneller sein kann, scheint uns deshalb unlogisch, weil wir uns beim Durchdringen von Stoffen gewissermaßen erstmal den Weg freischaufeln müssen. Das Problem hat unser Uratom schon mal nicht. Aber es kann mit einem Kollegen kollidieren und je dichter der Stoff, desto größer die Wahrscheinlichkeit. In diesem Augenblick tauschen beide ihre Rollen und die Bewegung ist plötzlich schon da, wo sich das ursprünglich Uratom erst noch hinbewegen müsste. Die Ausdehnung des angestoßenen Uratoms wird einfach übersprungen, denn die uns bekannte Trägheit von Körpern beruht ja darauf, dass die eigentliche Kollision nur wenige der Bestandteile des Körpers betrifft und erst durch einen komplizierten Prozess von Wechselwirkungen schrittweise auf die anderen Bestandteile übertragen wird. Beim Uratom gibt es diesen Effekt nicht, und wenn auf der einen Seite eine Bewegung ausgelöst wird, bewegt sich auch die andere Seite mit. Wenn ein Uratom den Körper mit seiner ungeheueren Dichte wieder verlässt, hat sich die Bewegung clever einen Großteil des Weges erspart. Der Beobachter glaubt natürlich, das austretende Uratom sei das Original, und erliegt dadurch der Illusion, eine Überlichtgeschwindigkeit erlebt zu haben.

Soviel dazu. Nun habe ich die Welt erklärt, jetzt mach ich den Abwasch, geh mit dem Hund raus und freue mich auf konstruktive Streitgespräche mit all meinen Kritikern.

Christian Weiß